愛蔵カラー版

山登りねこ、ミケ

60の山頂に立ったオスの三毛猫

岡田　裕

日本機関紙出版センター

はじめに

私は長く養護学校（特別支援学校）に勤めていましたが、ある生徒のお母さんとの雑談の中で「飼い猫と登山をしています」と言うと「先生、またいつもの冗談ですね（笑）」とまるで信じてもらえませんでした。たいていの方には信じてもらえません。それはおそらく「猫はすぐにどこかに行ってしまう」とか「猫は怠け者だから、そんなしんどいことはしない」という固定観念があるからだと思います。説明して少しは信じてもらえましたが、それでも「じゃあ、猫ちゃんをリュックに入れて山登りして頂上で出すんですね？」と突っ込まれました。無理もありません。「猫が車に自ら飛び乗り、揺られて着いた登山口で飛び降り、リードもつけずに飼い主夫婦と抜きつ抜かれつ頂上まで登る」という話は私自身も聞いたことがありませんでしたから。

それならば…と「お母さん、じゃあ証明するために、その登山する猫のこと、僕が書くね！」と啖呵を切って出版したのが本書『山登りねこ、ミケ』です。

ミケとの暮らしは16年足らず、そして亡くなって10年が過ぎました。赤ちゃんの時からの付き合いなのでミケは私たち夫婦のことを本当の両親と思っていました。ミケは何の芸もできない猫ですが、私と妻の後ろをどこまでもついてくるという生まれながらの特技をもち、この特技を生かしてこれまで64山の山登りに挑戦してきました。

ミケの雄姿

でも、ミケは誠に不思議な猫で、はじめの3座まではリードをつけていたものの、それ以降に挑戦した60余りの山はすべてリードなしで完登してきました。猫なのにまったく頭が下がります。そもそも家猫のルーツをたどれば猫は森の中にいたようなので、ミケが山好きなのも故郷に帰ったような気分に浸れるのかもしれません。

そして『山登りねこ、ミケ』を出版して10年が経過しました。すでに4刷りに達していましたが、前々から、もし次回増刷するなら「写真をオールカラーにすることも検討しましょうか」と日本機関紙出版センターの丸尾忠義編集長から大変ありがたい提案をいただいていました。

また、2020年の秋にTBSテレビ「ワールド極限ミステリー」にミケが出演し、約30分間、生い立ちから登山の様子、そして日常生活が放送されました。その反響で全国の書店やネット書店などに『山登りねこ、ミケ』の注文が相次ぎ、出版社で品切れ状態になったことがこのカラー版の出版へつながったのです。

いま世の中は、新型コロナウイルスが蔓延し閉塞状態です。重症患者が増え悲しいことに命を亡くす方々も増えています。コロナ禍によって貧困家庭や失業者が増え、中小企業や飲食店は倒産や廃業の危機に見舞われています。国や都道府県からの公助は僅かで、悲しいかな自ら命を絶つ人も増えています。

はじめに

こんな時だからこそ猫は心身とも疲れた私たちに癒しと安らぎを与えてくれます。寝てばっかりでも叱られない、働かないでも許される存在を見て触れ合うことは、コロナ禍で疲弊しきった私たちにはホッとできるものです。

ミケからもそんな癒しと安らぎを感じてくだされば作者として大変うれしいです。

２０２１年３月６日

岡田 裕

ミケの登った64の山々

＊19番と40番以外はすべて長野県の山

番号	山　名	地　域	標　高	猫足登り時間	猫足下山時間	登頂年月日
1	三峯山	麻績村、千曲市	1131m	20分	10分	1995/8/11
2	寺山	千曲市	530m	30分	縦走	1996/3/3
3	霊諍山	千曲市	490m	30分	30分	1996/3/3
4	篠山	千曲市、長野市	907m	10分	5分	1996/4/29
5	大穴山	池田町	849m	20分	20分	2000/11/21
6	大見山	諏訪市	1362m	25分	15分	2001/8/8
7	小八郎岳	松川町	1470m	75分	35分	2001/10/8
8	城山（青柳城址）	筑北村、麻績村	905m	30分	20分	2001/11/4
9	城山（西山城址）	松川村、大町市	870m	60分	40分	2002/8/24
10	城山（武居城址）	塩尻市	971m	15分	10分	2002/12/30
11	城山（麻績城址）	麻績村	1022m	40分	30分	2003/4/29
12	妙義山	塩尻市	890m	40分	30分	2003/5/25
13	離山	軽井沢町	1255m	90分	60分	2003/8/30
14	一夜山（飯森城址）	白馬村	851m	35分	30分	2003/11/1
15	芥子望主山	松本市	891m	10分	5分	2003/11/8
16	三才山	松本市、上田市	1605m	20分	縦走	2004/1/2
17	六人坊	松本市	1618m	25分	25分	2004/1/2
18	伊深城山	松本市	911m	25分	15分	2004/1/24
19	湯村山	山梨県甲府市	466m	50分	35分	2004/2/11
20	女神岳	上田市	926m	40分	25分	2004/5/15
21	蛇峠山	阿智村、平谷村、阿南町	1663m	60分	45分	2004/11/20
22	夏焼山	南木曽町、飯田市	1502m	30分	25分	2005/5/14
23	髻山	長野市	744m	50分	40分	2005/10/17
24	十観山	青木村	1284m	60分	30分	2005/9/18
25	鷹狩山	大町市	1164m	15分	10分	2005/11/20
26	高ボッチ山	塩尻市、岡谷市	1664m	10分	10分	2006/4/29
27	千鹿頭山	松本市	660m	20分	10分	2006/5/27
28	袴越山	松本市	1732m	5分	5分	2006/8/26
29	埴原城址	松本市	1004m	50分	30分	2007/1/4
30	鼻見城址	飯縄町	722m	10分	5分	2007/4/14

番号	山　名	地　域	標　高	猫足登り時間	猫足下山時間	登頂年月日
31	思い出の丘	松本市	1986m	10分	5分	2007/ 5 / 3
32	武石峰	上田市	1972m	50分	25分	2007/ 5 / 3
33	長峰山	安曇野市	934m	140分	70分	2007/ 5 / 4
34	ドウカク山	白馬村	815m	30分	20分	2007/ 6 /17
35	鉢伏山	岡谷市	1298m	40分	30分	2007/11/ 3
36	三峰山	松本市、下諏訪町、長和町	1887m	40分	20分	2007/11/18
37	弘法山（古墳）	松本市	650m	15分	10分	2008/ 6 /14
38	箱山	中野市	695m	75分	55分	2008/10/ 4
39	飯縄山	小川村	1220m	80分	45分	2009/ 4 /11
40	花鳥山（一本杉）	山梨県笛吹市	485m	15分	10分	2009/ 4 /12
41	陣馬平山	長野市	1258m	15分	15分	2009/ 4 /19
42	城山（塩島城址）	白馬村	713m	30分	30分	2009/ 4 /29
43	比叡ノ山	塩尻市	809m	20分	15分	2009/ 5 / 3
44	高津屋（高津屋城址）	生坂村	776m	25分	20分	2009/ 5 / 9
45	象山	長野市	476m	40分	30分	2009/ 5 /30
46	光城山	安曇野市	912m	15分	10分	2009/ 6 / 6
47	上ノ山城址	安曇野市	841m	10分	5分	2009/ 6 / 6
48	鳥居山	松本市	783m	10分	10分	2009/ 6 / 6
49	城山（荒砥城址）	千曲市	612m	30分	15分	2009/ 6 / 7
50	鬢櫛山	坂城町	519m	15分	10分	2009/ 6 / 7
51	長者山	信州新町	1159m	40分	30分	2009/ 6 /13
52	東城山（林城）	松本市	846m	70分	50分	2009/ 6 /14
53	桐原城址	松本市	948m	120分	80分	2009/ 6 /20
54	平瀬城址	松本市	716m	50分	35分	2009/ 6 /21
55	八王子山	千曲市	510m	15分	10分	2009/ 6 /27
56	車山	茅野市、諏訪市	1925m	80分	70分	2009/ 6 /28
57	富士塚山	松本市	931m	70分	55分	2009/ 7 /18
58	浅間山	白馬村	931m	70分	60分	2009/ 7 /18
59	朝倉城址	茅野市	1086m	85分	35分	2009/ 9 / 5
60	双子山	茅野市、佐久市、佐久穂町	2223m	50分	40分	2009/ 9 /26
61	桑原城址	諏訪市	980m	55分	40分	2009/10/24
62	大宮城址	白馬村	878m	30分	25分	2009/11/ 8
63	高照山	池田町	919m	30分	20分	2010/ 9 / 5
64	小桟敷山	群馬県嬬恋村	1852m	105分	50分	2010/10/17

山登りねこ、ミケ　もくじ

はじめに　2
ミケの登った64の山々　6

第1章　ミケとの出会い　11
1．田舎暮らしへの憧れ　12
2．仔猫との出会い　15
3．ミケの正体　21
4．散歩猫から登山猫へ　23
5．ミケの引っ越し　27

第2章　ミケの山登り　31
ミケの山行記録あれこれ　32
（1）小八郎岳　32
（2）一夜山　36
（3）芥子坊主山　38
（4）三才山　40

もくじ

(5)湯村山 42
(6)女神岳 45
(7)蛇峠山 47
(8)夏焼山 49
(9)髻山(髻山城址) 51
(10)十観山 54
(11)鷹狩山 56
(12)高ボッチ山 58
(13)城山(埴原城址) 59
(14)鼻見城山 61
(15)長峰山 63
(16)三峰山 66
(17)飯縄山(小川村) 68
(18)花鳥山 70
(19)陣場平山 72
(20)高津屋(高津屋城址) 74

第3章　ミケ、いつまでも一緒に　79
1. ミケの歓迎ぶり　80
2. ミケ、猫ができてくる　83
3. ミケ、川を下る　86
4. ミケ、猫が丸くなる・89
5. ミケ、大いに泣く　91
6. ミケの日常　93
7. ミケ、手術をする　98
8. ミケ、ついに50座登る　100
9. ミケ、なんと、60座目も登頂！　102
ミケの近況報告　105
おわりに　107
カラー版のための「おわりに」　110
後継猫たちのこと　114
読者の感想と
　マスコミの紹介などについて　116

第1章　ミケとの出会い

1. 田舎暮らしへの憧れ

私は信州の安曇野に住んでいます。元々は大阪生まれ大阪育ちの都会人でした。妻のさよさんは新潟生まれ新潟育ちの田舎っ子。その2人が出会ったきっかけは長野県の乗鞍岳のスキー場のアルバイトでした。純朴な田舎の女の子に惹かれ、出会ってなんと6日目でプロポーズしてしまいました。大胆というか、軽薄というか…。でも、その気持ちを受け入れてもらって雪の上で将来を誓い合いました（冒頭からのろけてすんません）。私が19歳、さよさんが18歳の冬のことでした。

*信州に永住しよう

2人とも高校時代から山登りをしていたので、その時から「将来結婚したら

雪でもお散歩

信州に住みたいねえ」と話し合っていました。そして3年が過ぎ、私は通信制の大学を経て千葉県多古町の小学校を振り出しに、翌年からは大阪の養護学校に勤め始めました。さよさんは念願の保育士になり、やがて男の子が2人生まれ、それなりに幸せでささやかな生活を送っていました。

でも、ある夏の日、大阪の団地の一室で思ったのです。「この暑くて騒々しくて汚い都会でこのまま僕は朽ち果てていくのだろうか？　そうだ！　アルプスのある信州に行こう！　信州に永住しよう！」と。

おもち、焼けたかなあ？

そこから私の就活が始まりました。私たち教員は地方公務員なので、他県の教員になりたい場合、改めて教員採用試験を受け直さなければなりません。

1年目、一次試験で不合格。2年目は2次試験で不合格。3年目は鬼門のピアノ実技もなんとかクリアーして面接へ。「どうして君は長野県を受験したの？」と面接官。「はい、長野県の進んだ教育を学びたいと思い受験しました」と、ちょっとゴマをすって、無事合格させていただきました。

2. 仔猫との出会い

翌春、晴れて長野県の教員になりました。下諏訪にある養護学校に採用され、6年間、仕事をバリバリやり、下諏訪での生活も楽しみました。その間、私たち家族は八ヶ岳や霧ヶ峰をはじめ諏訪周辺の登山を満喫しました。その後、更埴市（現、千曲市）の稲荷山養護学校に転勤、学校の近くに古い一軒家を借りました。その家の向かいの奥さんが「この家はネズミが多いから猫を飼ったほうがいいですよ」と忠告してくれたのです。聞くと前の借り主も猫を飼っていたそうです。「え～っ、猫！」私は犬と共に育った犬派だったので猫は苦手だったのです。

でも、当時小学生だった2人の息子たちは猫が飼えるかもしれないと聞いて「お父《とう》、猫飼おう、猫飼おう！」と大乗り気です。確かに猫のいなくなった家は夜になると毎晩、ネズミの運動会でした。

＊三毛猫は全部メス？

仕方がないので長野市にあるペットショップのオーナーに「メスの三毛猫が入ったら連絡してくださいね」とお願いしました。そのペットショップでは飼い主がいなくなった犬や猫の仔を斡旋してくれるのです。「お客さん、三毛猫っていうのは、全部メスなんですよ」と御主人は教えてくれました。猫に縁がなかった私にそういう知識は全くありませんでした。

「うちに猫が来たよ！」と二男

数日後、そのペットショップから三毛猫が入ったという連絡が来ました。さっそく見に行くと白っぽい2匹の仔猫が籠の中でじゃれあっています。そのうちの1匹は頭と体の横に黒っぽい模様。そして鼻の横と後ろ足に茶色が入っているので、確かに三毛猫ですが、私が求めていた、はっきりくっきりとした三毛猫とは違います。

「どーもな…」と難色を示す私をよそに息子たちとさよさんはすっかりその仔猫と仲良しになっていました。息子たちはもううれしくて仕方がない表情です。

「しゃーないな…」と私は根負けして、その仔猫を譲り受けることになりました。

＊名前はミケ

その日から、その仔猫は私たち家族の一員になりました。生後35日。手にちょこんと乗るほどのちっちゃな猫でした。仔猫は教えもしないのに用意したトイレに一発で用を足しました。「この子は頭がいいね！」とさよさんは感心しきりです。

ペットショップからは「まだ乳飲み子ですからほ乳瓶とミルクが必要です」と言われましたが、カリカリ（キャットフード）にミルクをひたすと、仔猫はよく食べました。息子たちは初めて飼うペットに目を輝かせて世話をしていま

千曲市の篠山山頂で

した。3人兄弟になったみたいでした。

さて、今度は仔猫の名前ですが、初めは二つの名前で呼ばれていました。一つは女の子で体色がほとんど白なので「ゆきちゃん」。二つ目は更埴市（現千曲市）の杏の里が有名なので「あんずちゃん」。どちらも仔猫の母親になったさよさんの命名です。家族の中では自分だけが女性だったので、せっかく女の子の猫が来たのだからとこのどちらかの名前で呼ばれていました。

しかし、そのうち「猫の名前は昔からミケかタマやで」という私の意見が市民権を得たのか、いつの間にか「ミケ」と呼ばれるようになりました。「ミケランジェロを縮めてミケやで」なんていうこじつけも後から出てきましたが。

＊ミケの愛情表現

猫の影響力とはすごいものです。ミケが住むようになって、ネズミの運動会がピタッとなくなりました。毎夜、運動会を繰り広げていたあのネズミたちはどこに引っ越ししてしまったのか。

ミケはなかなかおてんばでした。私たち夫婦が眠っていると、ふとんから出ている手や足を甘咬みするのです。でも仔猫の歯は細くて鋭くて、まるで針のようなのでその痛いこと、痛いこと。きっと生後１カ月ほどで兄弟から離されたので加減がわからないのでしょう。それから私の顔をぺろぺろ舐めてくれる途中に鼻を咬むのです。これもなかなか痛くて声も出ないほどです。この癖はミケの愛情表現のようなもので、14歳になった今でも続いています。

その昔、お隣りさんの前の道はけっこう交通量のある国道でしたので、はじめはミケを部屋の中だけで飼っていました。でも野生の血が騒ぐのか、ミケはスキあらば外に出たがりました。ある時、ちょっと戸を開けたスキにここぞとばかり、ひょいと外に飛び出してしまいました。「たいへんだー。ミケが家出した！」と家族総出で捜索です。

するとミケはお向かいの5メートルほどの立木に登っているではありませんか！　そして「降りられないよ～」と泣いています。幸い、その日は時間をかけてゆっくりと降りてきましたが、その後もミケの家出は何度も続きました。でも家から飛び出しても、必ずガラス戸の外から「ニャー、入れてちょうだい」と甘えて帰ってくることがわかりました。そのうちこちらも根負けして「車に轢かれたら轢かれた時のこと」と居直り、部屋に出入り自由の「猫穴」を作りました。晴れてミケは家半分、外半分の「自由人（猫）」になったのです。

生後 35 日のミケと長男

3．ミケの正体

＊オスの三毛猫だった！

ミケを飼い始めて3カ月ほどたったある日、子どもたちが「おとう、ミケの股にぐりぐりしたものがあるよ」と言い出しました。「どれどれ、できものでもできたのかな?」と触ってみるとパチンコ玉くらいの大きさのボールが１対あります。「えー、まさか?」と思い、ミケを譲り受けたペットショップのオーナーに電話すると「えっ、そうですか。それは岡田さん、ラッキーでしたね。その子は大変珍しいオスの三毛猫ですよ。西洋の船乗りは海難除けのためにオスの三毛猫を船に乗せて行くんですよ」との返事。

いやあー、もうびっくりしました。女の子だと思っていたのに男の子だったなんて！　初めて女の子が授かったと喜んでいたさよさんは「今度こそ女の子だと思っていたのに」とちょっと可哀想でした。

あとで調べましたが、遺伝学上、白・黒・茶の3色からなる三毛猫は通常メスとして生まれるのですが、突然変異的にオスの三毛猫が生まれることがあるそうです。その割合は1万匹に1匹とか3万匹に1匹とかで、高額で売買される場合もあるとか。

右足が三色。オスの三毛猫の証明

今までミケは4人の獣医さんにかかりましたが、みなさん「オスの三毛猫は初めてだ」と言ってました。とにもかくにも縁起のよい猫が我が家に来てくれたわけです。

4．散歩猫から登山猫へ

私は大阪の実家でこれまで計４匹の犬と暮らしたことがあります。リードをつけて犬と散歩するのが楽しみでした。「ミケとも散歩がしてみたい」。そこで夫婦の散歩にミケを付き合わせるために猫用のリードをつけてみました。でも、そこは猫のこと。まっすぐ歩くわけがありません。道の端っこを選んで歩きます。ミケ自身も迷惑そうでした。

生後5カ月くらいの時に「一度ミケを山に連れて行こうか？」という話になりました。もちろんリードをつけてです。近くの聖高原の三峯山（１１３１ｍ）に登りました。登山口から20分くらいで頂上に着く山です。ミケが登った初めての山になりましたが、リードを引っ張って引っ張っての山登りはミケ自身もしんどそうでした。

初めての山、三峰山はリード付きで登山

そのうち、常会（自治会）の集金などで隣近所のお宅へ行くとミケがリードなしでついてくることがわかりました。用が済むまで玄関前でおとなしく待っているのです。

＊ミケは人に付くんや

ならばと、夫婦だけで散歩に行くと、少し遅れながらもミケがスタスタと私たちの後をついてくるではありませんか。はじめは、たまたまだと思っていたのですが、何度やっても必ず私たちの後をついてきます。「猫は家に付くと言うけど、ミケは人に付くんやね」と夫婦で感心しました。

やがて夫婦とミケの３人（正確には２人と１匹ですが）で散歩するのが日課となってきました。私たちが散歩に行く身支度を始めるとミケは気配を感じ取って先に行って玄関で待っているのです。外で「ニャーニャー」とうるさく泣いて散歩を催促することもあります。夏場はもちろん、道路に根雪がある冬場でも、ミケは散歩に出かけるのを心待ちにするようになりました。

＊リード無しで登り始めた

そして、リードなしで散歩できるのだから、山にだってリードなしでついてくるかもしれないと思い、ミケが１歳を迎えるちょっと前、３月３日の桃の節句に近くの寺山（５９０ｍ）と霊諍山《れいじょうさん》（４９０ｍ）に連れていきました。ミケにとっては二つ目、三つ目の山です。霊諍山の山頂には猫の石仏があると聞いていたので、それを見ることも目的の一つでした。

登山口の大雲寺に車を置いて出発。リードなしで歩かせましたが、なかなか後をついてきません。しかたなくリードをつけ、さよさんが引っ張っていましたが、しばらくしてリードを持たずに歩いてみました。すると、どんどん走っては止まり、走っては止まり、先導のさよさんを抜かして登ります。山頂には噂通り、マントを着た猫の石仏がありました。さっそくミケと記念撮影。下りは雪道を物ともせず、リードなしでぐんぐん下っていきました。往復約1時間半、早春の暖かな山でした。これを機会に以後、リードなしの低山登りが始まっていくことになったのです。

木登り上手なやんちゃ猫

5. ミケの引っ越し

＊条件は北アルプスが見えること

「北アルプスが見える所に終の棲家の山荘を建てたい」というのが私たちの夢でした。すでに大阪から信州に移住して8年ほどたっていました。松本にも足を運んでいくつか土地を探しましたが、さよさんは「確かに北アルプスは見えるけど、その手前に家がごちゃごちゃあって大阪と変わらない」と言って譲りません。しかも松本は小都会ですから土地の値段も張りました。

そこで今度は安曇野に絞って土地を探しました。まめに安曇野に足を運び、良い物件を求めて約30社の不動産屋さんを当たりました。その条件は、①自宅の窓から北アルプスの常念岳が見えること、②運転免許を持っていないさよさんのために駅から近いこと、③将来子どもたちが就職に困らないように松本へ

わが家の２階のアルプス展望室から

の通勤時間が30分圏内の場所であること、④私がゆくゆく勤務したい安曇養護学校（北安曇郡池田町）にできるだけ近いことなどでした。「北アルプスが見える」ということは西側に建物がないということです。不動産屋さんからの連絡で現地に足を運びますが、その多くが田んぼであることが多いのです。そして異口同音に「今は田んぼだけど、将来西側に家が建ってアルプスが見えなくなるかもしれない」と言われました。

未来永劫に渡って西側に家が建たないところはないかと探したら、あったのです！　その場所とはなんと川の横でした。具体的には堤防の横なのですが、北穂高を流れる穂高川（乳房川）の堤防の東側で抜群のロケーションでした。

残念ながら百名山の常念岳は近すぎて前山が邪魔し、頂上しか見えないのですが、穂高川が見えるし、蝶ヶ岳、有明山、爺ヶ岳、鹿島槍ヶ岳、五竜岳、白馬岳がズラッと見渡せるすばらしい場所です。まわりには数軒の民家しかありませんが、小鳥のさえずりと川のせせらぎしか聞こえない静かなところです。それにＪＲ有明駅から９００メートルの近さで、松本にも30分圏内です。子どもたちとミケにも相談してこの土地を購入することに決めました。

＊水を恐がらないミケ

それからは2週間に一度、ミケも車に乗せ、１時間かけてここに遊びに来ました。毎回堤防から降りてミケと川遊びをするのが楽しみでした。ミケは猫なのにあまり水を怖がらないのです。トントントンと石を渡って水を飲みます。

ちょっとくらい濡れても平気です。

山荘を建てる工事が始まると、ミケは足場の階段を上って一番上まで行き、私たちをヒヤヒヤさせました。山荘の完成後は転勤がかなうまでの2年間、別荘として使いました。そして大工さんに頼んで、リビングに猫穴をつけてもらいました。ミケが自由に家と外を出入りできるように猫穴にパッタンパッタンする板もつけてもらったのです。

この穴から出入りできることをミケに理解させるために、はじめは無理矢理ミケを部屋側からこの穴に押し込み外に出させました。今度は外側から穴に押し込みました。ミケは1回で覚え、「別荘」で私たちがくつろいでいる間、自由にこの穴から出入りして、外遊びをしていました。

この2年間の体験が功を奏しました。稲荷山の借家から穂高町(現安曇野市)のこの新居に引っ越してからも、ミケはまったく違和感なく新しい家に慣れ、猫穴から出入りして自由な田舎暮らしを満喫することになったのです。初めは慣れない田舎暮らしでしたが、まず一番にミケが順応してくれたことで私たちの気持ちが安定してきたのです。

第2章　ミケの山登り

ミケの山行記録あれこれ

1．小八郎岳（こはちろうだけ）

その2カ月後、ミケは初めて遠出をしました。南信の山です。信州の南部を信州では南信と呼びます。松川町から小八郎岳に登りました。この時も出発しようと車のドアを開けた途端、ミケがシートに飛び乗ってきました。

実はその日は、夫婦2人だけで白馬方面の中級の山を予定していたのですが、ミケが車に飛び乗ったので、急遽、行き先をミケに合わせて初級コースに変更したのです。安曇野にはいわさきちひろ美術館で有名な松川村がありますが、今回の遠出は伊那の松川町です。

自宅から豊科インターを経て松川インターで下車。料金所を出て、すぐ左折し、上片桐まで来ると「小八郎岳、烏帽子岳左」の看板があります。林道を詰めた駐車場が登山口です。

＊ミケはなぜ山に登るのか

山登り6回目になるミケが先頭になって登っていきます。頂上崩落止め用資材を運ぶ荷揚げレールと並行して登るのが目障りですが、木々の紅葉が目を楽しませてくれます。猫のことですから、犬のようにご主人様の横をぴったりというわけにはいきま

今から山に行くよ！

リアシートはミケの特等席

せんが、若いミケは私たちの前になったり後ろになったりしながら、ぐんぐん登っていきました。

「なぜミケは山を登るのか？」

これは本当に今でも不思議なことです。たいていの人は猫が山に登ると聞くとびっくりします。家中猫だらけという猫屋敷に住み、猫の生態を熟知されている方でさえ驚きます。それほど猫というのは、どこに行ってしまうかわからない、予測のつかない動きをする生き物だと思われているのです。テレビなどで時々、散歩をする猫というのは出てきますが山を登る猫というのは確かにミケ以外見たことがありません。

　きっと私たち夫婦と同じでミケ自身が山登りが好きなんだと思います。私たちも高い山に登ってしんどい目に遭った時は「あー、もう山になんか来ないぞ！」と思うことがあります。でも、しばらくすると、しんどかったことも忘れて、また登ってしまいます。同じことがミケにも言えるのじゃないでしょうか？

＊犬かと思ったら猫じゃん！

話がちょっと脱線してしまいました。小八郎岳に戻りましょう。さて、調子よく登っていると若い女性が2人下ってきました。そして「あ〜ら、犬かと思ったら猫じゃん！」と素っ頓狂な声で叫びました。２人ともとっても驚いていいます。「猫なのに山に登ってるのね！」とミケのことを誉め、頭をなでてくれました。そして「写真を撮らせてくださいね」とカメラをミケに向けました。するとどうでしょう！　ミケは胸を張って誇らしげなポーズを取るのです。これには４人とも大笑いでした。ミケとて若い男性。やはり若い女性の前では「ええかっこ」したいわけです。

こんなふうにミケと山登りしていると初対面の人ともすぐに打ち解けて仲良くなれます。そういう道草もして、小八郎岳頂上（１４７０ｍ）に猫足で75分かかって着きました。頂上はまずまずの展望で、中央アルプスや南アルプスが見えます。ミケは缶詰を食べて大休止。たっぷり休んだ後、頂上を後にしました。

今日は僕がトップ

2. 一夜山（いちやさん）

北アルプス前山の小遠見山に登った時、国道148号線に「一夜山遊歩道」なる看板を偶然発見しました。翌週、ミケも誘って登ってみました。国道からも見える可愛い小山です。国道148号線から飯森ゲレンデへの分岐を左へ。民宿「一夜山」の脇が遊歩道の入り口です。

＊マタタビで踊り出したミケ

紅葉で真っ盛りの山道を3人で登っていきます。落ち葉でふんわりとした柔らかい「癒し道」です。突然ミケはそれをいいことにもよおしてきたみたいで、きばり始めました。そのときのミケの顔。さよさんに言わせると「森進一の顔」だったそうです。まさに真剣な顔でした。

真剣な顔といえば軽井沢の離山に登っているとき急にミケがまじめな顔で踊り出したことがあります。

山頂でのひととき

よく見るとマタタビの枝が折れて登山道の端に落ちていたのでした。マタタビの実を食べながら興奮して地面を転げ回るミケの姿は鬼気迫るものがありました。

さて用を済ませるとミケは枯葉をかけて、スタスタと足取り軽く先導していきます。この山は戸隠山の一夜山と同じ名前ですが、そちらの方は鬼が一夜にして築いたという伝説があるのに対して、こちらの方は戦国時代に一夜にして落城したから一夜山というそうです。

頂上（852ｍ）には「飯森城址」のプレートがありました。八方尾根や白馬本峰が間近に見渡せます。猫足で登り30分、下り15分とミケには手頃なハイキングでした。この3年後にも登り、ミケが二度登った山です。この時は一度登ったことを私たちが忘れていて、頂上に着いてそのことに気づいたという、まったくもってボケボケの夫婦です。ミケは覚えていたのかなあ？

3．芥子望主山（けしぼうずやま）

＊ミケの意外な優しさ

「けしぼうず」というおもしろい名前に惹かれ、秋にミケと訪ねてみました。松本市岡田の六助池の横を西側に入っていくと頂上直下まで車で入れます。山全体が公園になっていて紅葉の美しい所です。広い頂上に尖塔のような螺旋状の展望台がありますね。ネコはやっぱり高いところが好きですね。ミケはどんどん上まで登って行きました。山頂からは常念岳はじめ北アルプスの眺めが美しいです。

落ち葉でふかふかの頂上で休憩していると、ミケはベンチに座って、いつものように居眠りを始めました。そのうち1匹の赤とんぼがミケの体に留まりました。気配で起きたミケは赤とんぼを見つめていましたが、追い払うこともなく、飛び立

日差しが気持ちいい～

ミケはトンボさんと仲良し

つまでじっとそのままでした。ミケの意外な優しさが伝わってくるような光景でした。

4. 三才山（みさやま）

日本アルプスの父と言われるウェストンがそこからの絶景を絶賛したという

雪道も平気だ～い

保福寺峠に雪が積もりました。峠に「上田地域トレッキングコース」の標識が立っています。峠手前の分岐「林道蝶ヶ原線」を右にたどりました。林道なのでガタガタ揺れますが、車にさえ乗っていればミケは平気です。林道の雪が多くなり、スノーモービルに乗った男性とすれ違いました。私の車は車高の高い四輪駆動車なので、ある程度の雪道でも大丈夫です。九十九《つづら》折りの道を30分ほど進み三才山峠に着きました。昔は交通の要所だったそうです。峠の右手の赤いテープが山頂への目印です。

＊雪道が平気なミケ

ミケは本当に犬のような猫です。雪道も平気なのです。先頭に立って猫ラッセルしていきます。ミケがラッセルした跡を私たちが長靴でついていくという奇妙な光景です。15分ほどで分岐。右に取り5分ほどで赤いテープが巻かれた棒が立っている三才山山頂（１６０５ｍ）に着きました。そこからふたつ小さなピークを越えたところが六人坊（１６１８ｍ）。白銀の穂高連峰と槍ヶ岳が輝いて見えました。

子どもたちにモテモテのミケ

5. 湯村山
（ゆむらやま）

＊思ったより賢いミケ

その日、ミケは初めて県外の山へ。山梨県の湯村山（４４６m）に登りました。ちょっと遠いのでミケは置いていくつもりだったのですが、どうしても行くと言って聞きません。車のドアが早く開くのを待っています。僕は犬しか飼ったことがないので、猫のことを見くびっていたのですが、飼ってみると思ったよりもはるかに賢いのです。登山の装備をしているので、また、くたびれることをしに行くことはわかっていると思います。

「仕方ないなあミケ、そのかわりちゃんと歩くんやで」と言いながら、私の顔は笑っています。ミケが一緒だと、めんどうだけど嬉しいのです。あんなに猫が苦手だったのに、自他共に認めるネコ大好き人間になってしまいました。

落ち葉に抱かれて

湯村山は湯村温泉の背後にちいさく丸まっている山です。お寺の右脇に案内板があり、そこから工事中の遊歩道を登って行きました。

ミケといったら、ふざけてわざと隣接する住宅の庭に入っていきます。でも、私たちの姿が見えなくなると甲高い声で「ミャーオ！」と大泣きします。これがいつものパターンです。私たちが前を歩いていることをミケは百も承知なのですが、こうやって悲劇の主人公を演じるのです。

＊ジグザグ登りが苦手？

アカマツやドングリの木々の木漏れ陽の中をゆっくり登っていきますが、ミケはジグザグの道はめんどくさいとばかりにダッシュで直登しようとタイミングを伺っています。犬のようにゆっくりてくてく歩くのはどちらかというと苦手なのです。ダッシュしては止まり、ダッシュしては止まりの繰り返しの方が得意です。

50分かけて湯村山山頂（湯村城址）に到着しました。あいにく富士山までは見えませんでしたが眼下に甲府の町並みが見え、眺めのよい山頂でした。諏訪から来られた85歳のおじいさんに話しかけられて離してもらえなくなりましたが、ミケは平気な顔で昼寝をしていました。

6. 女神岳（めがみだけ）

上田の別所温泉に近くに男神岳《おがみだけ》、女神岳という夫婦の山があります。男神岳のほうは息子たちが小学生の頃、紅葉真っ盛りの中を登りましたが、奥さんの女神岳のほうは登らずじまいでした。調べてみると短時間で登れる山のようなので、ミケも一緒に登ることになりました。

下りは速いよ

三才山トンネル、平井寺トンネルを経て、ひたすら信州の鎌倉＝別所温泉に車を走らせます。さらに別所温泉の繁華街を抜け、森林公園に向かいます。野倉の考古資料館近くにまで来ると「女神岳登山口まで800ｍ」の道標があり、山の取り付き点の道標を見逃さないようにして入山していきました。

石祠のある女神岳山頂

＊ダッシュと休憩の繰り返し登山

鳥居をくぐったら見晴らしのない急傾斜の道が続いています。ジグザグの道ではなく直登です。傾斜がきつくなればなるほど、ミケはダッシュしては休み、ダッシュしては休みのくりかえしのリズムで登ってきます。約40分で頂上（926ｍ）に到着。見晴らしはなく、石の祠がちょこんと二つ寂しげにありました。

もともと家猫のご先祖様は森の中に住んでいたそうなので、こういうジャングルのような山もミケの好みかもしれません。ミケはいつものように缶詰を食べると気持ち良さそうに昼寝を始めました。

7. 蛇峠山（じゃとうげやま）

秋も深くなったころ、南信は浪合村《なみあいむら》（現阿智村）の蛇峠山（1664m）に3人で登りました。飯田インターから治部坂スキー場へ。観光センターから馬の背と呼ばれるススキの原っぱに着きました。ここから見る2千m級の大川入山はピラミダルでとても美しい山です。

遅れながらトコトコついてくる

＊野ネズミをくわえて

蛇峠山にはＮＨＫなどの電波塔があります。車道と遊歩道がありますが、ミケが歩きやすいように車道をのんびり歩くことにしました。ところが、これがなかなか長くて頂上まで1時間もかかってしまいました。途中「ミケが遅れているなあ～」とふりむくと、なんと野ねずみをガッツリくわえて歩いているではありませんか！　ちゃっかり登山の途中に狩りも楽しんでいるのです。

晩秋の蛇峠山

このあと、車道を歩いてきてしまったので、ミケは車に追われて脱兎の如く走ったり、登山者のおばさんがつけていた熊除け鈴をこわがって逃げたりとハプニング続出の山でした。

ミケは意外と音を怖がるのですが、わが家の愛車に乗っている時は対向車のエンジン音がいくらうるさくても安心して眠っているのがとても不思議です。車を家の延長と思っているみたいです。

8. 夏焼山（なつやけやま）

春のある日、南木曽の夏焼山（１５０２m）に向かいました。ちょうど私の６６０座目の記念山行にミケにも付き合ってもらおうと思ったのです。私はロッククライミングをする技術も体力もないし、海外の山を登るお金もありませんので、ただ登った山の数だけを励みにしようと約35年間コツコツと登ってきました。

そして、いつからか一生涯に１千座登ろうと目標を立てました。槍ヶ岳のような3千m級の高い山も大阪の天保山（4・53m）のように日本一低い山も山に変わりはないので、つっこみでカウントします。１回登った山は10回登っても1座として計算します。現在のところ685座まで到達しています。600座登った時に地元の新聞に紹介されたのですが、横浜の田中弘士氏から

人足30分を猫足でも30分で登った

「私は2千座から2千5百座は登っております」というお手紙をいただきました。いや〜上には上があるものです。脱帽。

＊車は平気なミケ

また脱線してしまいました。夏焼山に戻りましょう。

自宅からサラダ街道、木曽街道を経て大平宿で有名な大平峠へは3時間半もかかってしまいました。ミケはトイレさえ済ませておけば何時間車に乗っていても平気です。途中で降りたいと言ったことは一度もありません。わが家の愛車の中はとてもリラックスできる空間のようです。

大平峠から新緑のすがすがしい山道を登っていきました。足下にナルコユリやスミレが咲いています。笹のタケノコをポキポキ折って食べながら歩を進め

ミケ、待ってよ～

ます。今日のミケは調子がよく、あまり立ち止まらずに歩いています。人足ならば30分のところ、猫足でも30分で頂上に着きました。かなりのハイペースでした。

ミケも私たちと一緒に頂上からの眺めを楽しんでいます。

そう、窓際の猫が外を見て景色を楽しむように、ミケは山頂からの眺めを楽しむのです。こういう時、ミケはいったい何を考えているのでしょうか?

9. 髻山（髻山城址）（もとどりやま）

髻《もとどり》とは頭髪を束ねたもののことです。飛鳥・奈良時代には中国文化が輸入されて冠によって身分を表したそうです。その冠をかぶるのに便利な髪型として考えだされたのが髻です。長野市街地から見る山容が頂上に髻を載せたように見えるのが山名の言われのようです。

宇佐見沢地区から髻山城址登山道が続いています。ここは隣の三登山を結んでトレッキングコースになっています。植林された美しい杉林の中をミケは一番でゆっくりと登っていきます。

ミケ、一番隊長

＊がんばり過ぎると座り込むミケ

こんな時、さよさんは決まって「あっ、今日はミケが一番隊長だね」と間髪を入れず言ってミケを励まします。でも、おだてられて頑張り過ぎると急に足を投げ出して座りこんだりするのです。

こういうことの繰り返しですから、ミケとの登山は30分コースなら1時間と、人の足の2倍はかかることが多いのです。

三角点は僕のお気に入り

猫足50分で頂上に到着。頂上はバレーボールができるくらい広く、ミケは祠に入ったり東屋を探検したりとのびのびしています。この髻山は川中島の戦いにおいて上杉謙信の重要な砦だったそうで長野市街地が一望できます。頂上から下を眺めるのがミケの楽しみです。長い時間木の株にまたがって下を見下ろしていました。

10. 十観山（じっかんやま）

豊科の大穴沢から143号線を上田方面へ向かいました。田沢温泉から林道を詰め十観山登山口へ。「1Kmで山頂」という標識があります。ここに車を停めて出発しました。

1時間かかって山頂へ

ブナやカエデなどが目立つしっとりとした気持ちの良い道をかせいでいきます。私の好きな朴《ほお》の木も目立ちます。この花はやさしいクリーム色の大輪でうっとりするくらい、いい匂いがします。あいにく、もう花の時期は過ぎていて道端に赤い大きな実が落ちていました。この日は人足で30分のところを猫足で１時間かかって登りました。この十観山（１２８４ｍ）はパラグライダーの飛行基地があり、すぐ目の前を悠然と飛んでいくパラグライダーにミケの目は釘付けになっていました。でっかい鳥だと思ったのでしょう。

＊看板メス猫のみいー嬢と

帰りに田沢温泉の日帰り入浴施設に寄りましたが、そこの看板猫のみいー嬢がボンネットに乗ってきて車の窓を隔ててミケとお見合いをしていました。相手が女の子なのでミケは穏やかだったのですが、みいー嬢のほうはえらいおかんむりで「ふぎゃ～！」と背中を丸くして怒っていたのがおかしかったです。きっとミケのことを縄張りを荒らす侵入者だと思ったのでしょう。

11. 鷹狩山（たかがりやま）

大町山岳博物館を麓に抱える鷹狩山は山都、大町の山です。頂上近くまで車が入れるので、ミケにはうってつけの山。車を降りたら、ミケは落ち葉をかさ

鷹狩山の紅葉は見事です

かさ言わせながら林道を歩いていきます。ほどなく頂上に出ると雄大な北アルプスの眺望が広がります。特に目の前の蓮華岳はドーンとすごい迫力で迫ってきました。

頂上には鉄筋の展望台があり、こういうのが好きなミケはさっそく中に入っていってクンクン匂いを嗅いで探検しています。

＊カメラの方を向かないミケ

鷹狩山と書かれた看板の前で交替でミケを抱いて記念撮影をしましたが、猫の写真は案外難しいのです。なかなかカメラの方を向いてくれません。ストロボ撮影をすると目が光り、おまけにミケは真っ白なので目や鼻などの顔の具を

里山の秋は気持ちいい

デジカメが拾ってくれず飛んでしまうことがあって、なかなか気に入った写真が撮れません。
そういえば分厚い山のアルバムを12冊作りましたが、途中で息切れして、ここ10年間は途絶えています。そろそろ作らないといけないなあと焦っているところです。

12. 高ボッチ山
（たかぼっちやま）

ミケと早春の高ボッチ山（１６６４ｍ）に登りました。草競馬で有名な山です。晩夏にはマツムシソウが咲き乱れる私の好きな山です。

もう10回近く登っています。

松本方面から行くと塩尻峠のちょっと手前から車で入り、30分ほど林道を詰めたところが駐車場になっていて、そこが登山口です。といっても頂上まで猫足で10分のゆるやかな散歩道ですから、ミケも楽勝コースです。

並んで歩くと犬とよく間違われる

＊ミケの後方に穂高連峰

ゆっくり歩くミケの後ろには雪を抱いた穂高連峰をはじめ北アルプスがずらっと見えます。ミケは途中、避難小屋に入って休憩したり、下山してくる人になでてもらって気持ちよさような顔をしていました。頂上からは日本一高い富士山と二番目に高い南アルプスの北岳がともにピラ

高ボッチ山は北アルプス展望の山

ミダルな美しい山容を描いているのが見えます。ミケも頂上の草原に身を横たえて諏訪湖のあたりをじっと見下ろしていました。

13. 城山（埴原城址）

（じょうやま・はいばらじょうし）

お正月の4日に松本の城山（埴原城址、１００４ｍ）に登りました。この山は3年前にミケと登る予定だったのですが、出発直前にミケがいなくなりました。きっと山荘の周辺で野ネズミの気配でもしたのでしょう。捜しても見つからなかったので、夫婦だけで登った山です。でも今回は、「ミケも行くの？」と聞くと、さっそうとミケは車に飛び移りました。

松本の中心部から中山方面に車を走らせ、蓮華寺が登山口です。この山は南向きに登山道がジグザグに設けられているので冬でも晴れていれば暖かく、しかも緩斜面なのでしんどくない山です。城址であるだけに登るにつれ石を重ねた遺構が所々出てきます。長野県史跡にも指定されているそうです。

猫足 50 分で埴原城山頂へ

＊無理なく登れる往復2時間

気持ちの良い雑木林の中をミケは登っては止まり、登っては止まり、私たちの後をついてきます。もう30座近く登っているので登山猫としてはベテランの域です（ほかに山登りしている猫がいればの話ですが）。頂上まで猫足で50分。以前夫婦で登った時の2倍の時間がかかりました。それでも猫としては、たいした奴だと思うのです。

ミケはこの後も城山＝城跡＝城址に次々と登っていくことになります。ミケが無理なく登れる往復2時間までの山と言えば、長野県内に点在する城山がどうしても適地ということになってきます。それで、ミケの登る山は城山が多いのです。

山腹はスイセンが花盛り

14. 鼻見城山（はなみじょうやま）

飯縄町の鼻見城山（７２２m）は夫婦で一度登ったことがある山ですが、コースを変えてミケと尋ねました。

ＪＲ牟礼駅入口の信号を右折し旧三水村役場から少し上の「町」から車道を登っていきます。ほどなく「鼻見城山入口」の標識がでてきます。そのまま奥まで行くと駐車場があります。「さあ、ミケ行こうか！」と歩き出したのも束の間、たったの10分で頂上に着いてしまいました。こういう拍子抜けの山も時にはあります。

コカリナを吹くと

頂上には3種類のスイセンが所狭しと咲き乱れ、お花畑のようです。南房総の富山では正月にスイセンが咲いていましたが、春の遅い北信では4月が来ないとスイセンは楽しめません。正面になだらかな菅平、左側には志賀高原、後ろには飯縄山、黒姫山となかなかの絶景です。

＊コカリナにミケが抗議？

こんなに短い山登りをミケは「ラッキー！」と思っているのか、少ししか歩いていないのに横座りして休憩しています。さよさんが首から下げているコカリナを手に取って吹き出しました。すると、ミケは立ち上がり、さよさんのすぐ横に座って「ニャオー、ニャオー」と鳴き出しました。さよさんは「私の伴奏で歌ってくれている」と調子の良いことを言いますが、私には「その音うるさい！」とミケが抗議しているとしか見えませんでした。平和でのどかな光景でした。

15．長峰山（ながみねやま）

自宅のある安曇野市に長峰山（９３３ｍ）という展望のよい山があります。歩けば労せずに車で登れる山で、わが家の泊まり客を必ずお連れする山です。

長峰山はわが家から一番近い山

人足で1時間のこの山にミケと登りました。

荷物をザックに詰め込んでいると、ミケが玄関でこっちを見ながら待っています。玄関の戸を開け、すぐ目の前に停まっているエスクードのドアを開けると「待ってました」とばかりにミケが運転席に飛び乗ります。16年も乗っているミケお気に入りの車です。

自宅から20分で登山口の長峰荘。駐車場に車を置かせてもらい、単調な林道をミケとゆっくり登っていきます。新緑の中に山吹の黄色、ハルリンドウの水色、スミレの青、ミツバツツジの紅、ヤマザクラのピンクと色とりどりの花々が目を楽しませてくれます。

＊自分の足で登ってほしい

途中、何組かの登山客に抜かされながら、2時間20分もかけて、やっと頂上に着きました。30座近く登った中では最長記録です。もうミケも年なので、これは敢闘賞ものです。立ち止まっては「ニャー！」と抱っこを催促されると、なにか動物虐待している気にもなるのですが、私の中には「自分の足で登って欲しい」という誠に勝手なこだわりがあります。でも鳴かれるたびに「大丈夫だよー、お父さんもお母さんもここにいるよー」と叫ぶと、トコトコついてきてくれるのが、たまらなく可愛いところです。

頂上から春霞の北アルプスと安曇野の眺望をしっかりと楽しみました。川端康成、井上靖、東山魁夷の三巨匠がここからの眺めを絶賛したとか。私の好きな低山です。

下り道、ミケは見違えるような早足で歩き、1時間10分で長峰荘に到着しました。ミケは車でお留守番。私たちはもらい湯。猫も温泉に入れてくれればいいのにね。

16. 三峰山（みつみねやま）

親子３人、仲良くポーズ！

松本市、長和町、下諏訪町の境界の三峰山（１８８７ｍ）に登りました。いつもは夫婦とミケだけなのですが、今回は白馬在住の本田幸恵さんという美しいお嬢さんがメンバーに加わりました。

季節はすでに晩秋。ちょっと強い風が吹いていました。美鈴湖からビーナスラインを通って三峰展望台へ。そこに車を置いてぞろぞろ歩きだしました。

ミケは風が苦手だからと今日

はさよさんが作ってくれた赤いチョッキを着ての登山です。笹原を抜けて40分で頂きに出ました。ここは大阪から越してきた年に下諏訪側から登った思い出の山です。

頂上に着くとあんなに吹いていた風がなぜかほとんどおさまり、ミケはいつものように安心してネコ缶をペロッと平らげました。

＊年賀状は毎年猫年

同行の幸恵さんが親子3人?の写真を撮ってくれました。これがなかなかよく撮れていて、年賀状に使いましたが、友人たちには「ミケが気をつけしているのが凛々しい」とか「みんなお揃いの赤い服を着ているのが可愛い」とか、とても好評でした。中には「お守り代わりにいつもバッグに入れて持ち歩いているのよ」という人までいて私たちを感激させてくれました。わが家の年賀状は干支が何であれ、いつも猫年なんです。

17. 飯縄山（いいづなやま）

長野市にある有名なほうの飯縄山は多分ミケには6～7時間かかるので無理ですが、小川村の飯縄山だったらなんとか登れそうだと判断しました。国道19号線から小川村へ。桜が真っ盛りで気持ちのよい春の日でした。この小川村の目玉が大洞《おおどう》高原の「星と緑のロマン館」。そのロマン館の横の小山が飯縄山です。大洞池から飯縄山遊歩道が続いています。登りはじめは結構急な道なのでミケはゆっくりトボトボとついてきま

春の山は気持ちいい！

す。15分ほど登ったところで階段状の小道になります。雑木林の道はとても静かで小鳥のさえずりとミケの「ナーオ」という甘える声だけが聞こえます。あちこち咲いているスミレに「春はいいなあ」と独り言が出ます。

美しい稲丘神社の社殿

＊石碑に飛び乗り身繕い

一汗も二汗もかいて山頂に到着。由緒あるという稲丘神社の社殿が緑にマッチしています。ミケはいつものように石碑の台座に飛び乗って、さっそく身繕いを始めました。登りはちょっと体にこたたえたようですなので、こうやって自ら心を落ち着かせているように見えます。

　頂上から樹間越しに白馬方面の山々、戸隠山、黒姫山、そして有名な方の飯縄山が見えます。その景色も一品にしてお弁当の時間。やはりミケも子どもと一緒で遠足はお弁当の時間が一番の楽しみのようです。今日はちょっとリッチな鶏のササミのネコ缶です。ぺろっと平らげて社殿の日陰で恒例のお昼寝。

　この山はミケにとっては39番目の山ですが、登り80分は3番目に長いアプローチだったのです。「ミケ、よくがんばったね!」と夫婦でミケの労をねぎらいました。

18. 花鳥山（はなとりやま）

『週刊現代』の巻頭カラーページに「絶景日本遺産」のコーナーがあります。そこで見た桃畑と南アルプスの美しい写真に見とれてしまいました。本物が見たくなり、ミケを誘って久しぶりに山梨県の山にでかけました。ミケも湯村山以来の高速道路の旅です。

一宮御坂ＩＣで高速を降り、笛吹市花鳥の里スポーツ広場へ。この先に花鳥山があります。ここで車を降りる予定だったのですが、車道を歩かなければならないようなので、もう少し先に車を進めました。

桃の花が美しい花鳥山

＊「どっかに行っちゃわないんですか？」

ミケは自分の家の車は恐がりませんが、車道歩きをとても恐がるのです。半分外猫なのに14年間も交通事故に遭わなかったのは、車に対して用心深いからです。邪魔にならないところに車を駐車して桃畑の横の道を3人でゆっくり登っていきました。写真で見たとおりの見渡す限りの桃の花！　まさに桃源郷です。ほどなく一本杉のある頂上に着きました。ここは公園になっています。ミケはいつものように石碑の台座に座っていると娘さんが3人、ミケの前に集まってこられました。「どっかに行っちゃわないんですか？」「はい」「お利口な猫ちゃんですね」。ミケは人見知りしないので、触られるままに目を細めておとなしくしています。公園の桜の花びらがはらはらとミケにも降りかかっていました。

桃源郷を歩くミケ

19. 陣場平山
（じんばだいらやま）

以前1人で登ったことのある長

野市七二会《なにあい》の陣場平山へミケを誘いました。その日は七二会地区の春のお祭りらしく幟（のぼり）を立てた行列が満開の桜の中をぞろぞろ歩いていました。

陣馬平山の山頂で

＊ミケ、百名山を仰ぐ

青少年山の家まで林道が続いています。終点から三角点までの森の中をミケはおとなしくついてきます。「今日はミケ、甘えた声で鳴かないよね」とさよさんと感心していました。ミケは歳をとってからはおおげさに「にゃ〜もう歩けないよ〜。抱っこしてよ」と甘えるようになってきたのです。

ミケの足で15分かけて三角点へ。頂上は展望がないので、記念撮影だけして青少年山の家まで戻って昼食にしました。ここはとても見晴らしが良く、雪をかぶった日本百名山の高妻山が真っ正面に仰げます。戸隠連峰の中にあって、ひとりピラミダルな山容は私のお気に入りです。

ミケは缶詰を平らげて日陰に入って居眠りしています。妻とミケのいる幸せな日常。これからも続いていって欲しいと願わずにいられませんでした。

日本百名山の高妻山

20. 高津屋（高津屋城址）
（たかつや）

国道19号線から「森林公園入口」の交差点を左折。今から登る高津屋がどっしりと見えます。橋を渡り九十九折りの斜面を車でどんどん上っていきます。民家が斜面にへばりついて建っています。ここに住んでいる人々の苦労が偲ばれます。

終点が生坂村森林公園交流センター。ここに車を置いてツツジが咲く山道を登っていきます。雑木林の道はよく整備されていて、ミケも足取り軽く、黙々とついてきます。

高津屋に登ったよ！

＊土俵で熟睡するミケ

猫足25分で高津屋頂上。なんと山の一番高い所に土俵があります。さっそくミケは知ってか知らずか、その神聖な土俵の真ん中でバタッと倒れて休憩しています。今でもここで子どもの奉納相撲が開かれるとか。

土俵の裏が展望台になっていて樹間越しに北アルプスが見えます。安曇野市の長峰山、光城山《ひかるじょうやま》からだとソフトクリームの形に見える常念岳もここからだと台形です。爺ヶ岳、鹿島槍ヶ岳、五竜岳、白馬岳も真っ白に輝いていました。

頂上の土俵にゆったりと

こんな近場にこれほど北アルプスの眺めのよい所があるとは意外でした。交流センターの下には数棟の宿泊棟があり、家族連れの宿泊ハイキングの場としては絶好の場所です。
ミケは土俵がよほど気に入ったと見えて缶詰を食べたら、また土俵に戻り、熟睡していました。

【この章で紹介したミケの登った山】

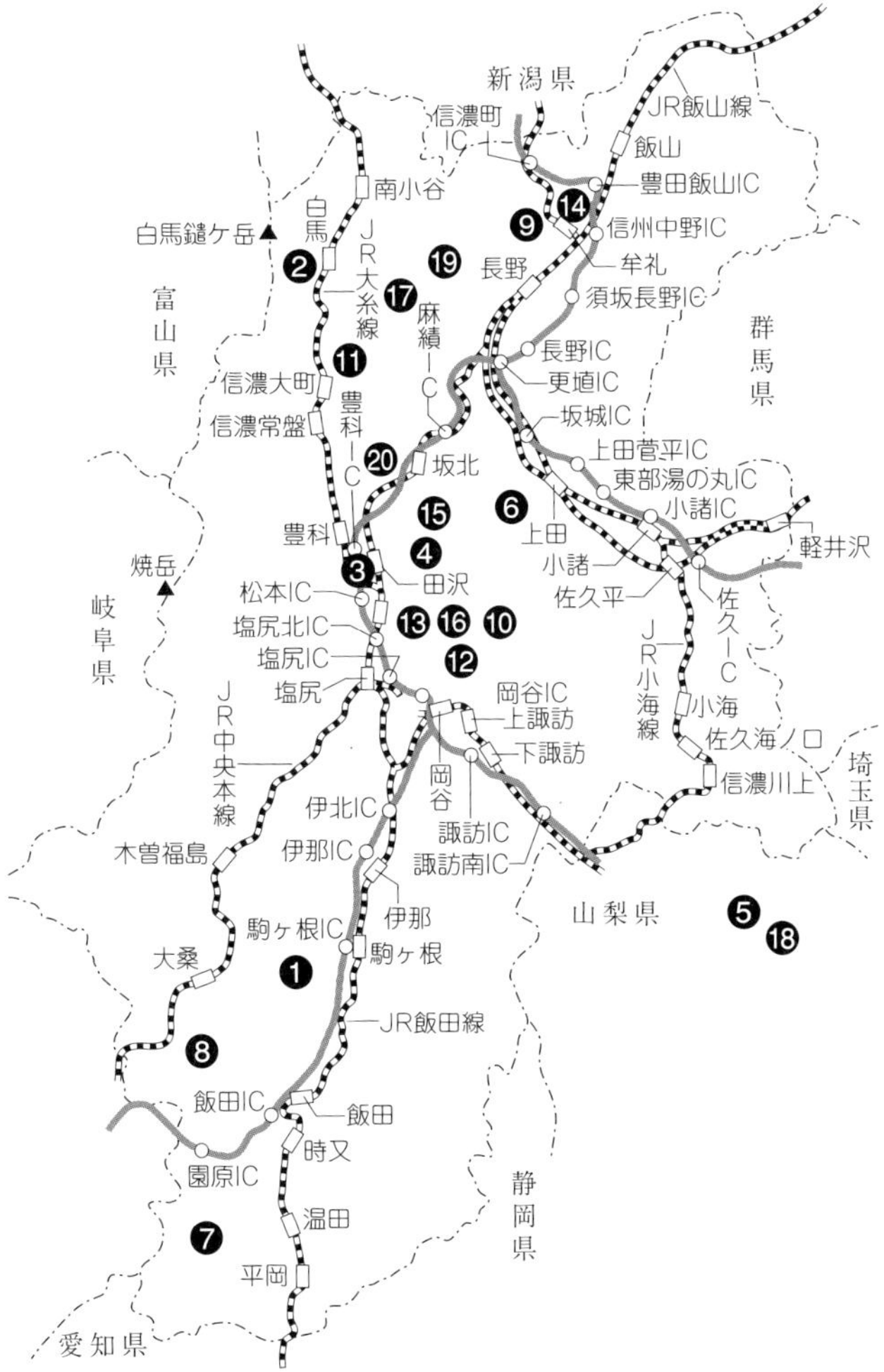

①小八郎岳②一夜山③芥子坊主山④三才山⑤湯村山⑥女神岳⑦蛇峠山⑧夏焼山⑨髻山⑩十観山⑪鷹狩山⑫高ボッチ山⑬城山⑭鼻見城山⑮長峰山⑯三峰山⑰飯縄山⑱花鳥山⑲陣馬平山⑳高津山

武石峰への長い階段を上るミケ

第3章　ミケ、いつまでも一緒に

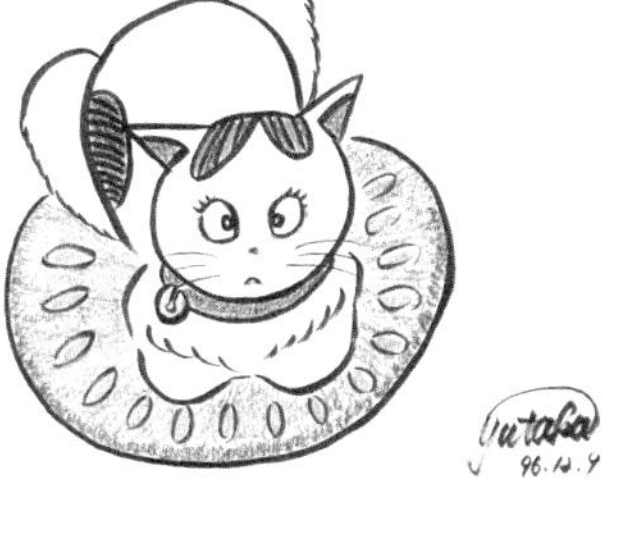

1．ミケの歓迎ぶり

緒方良子さんというおばあちゃんがおられます。浜松から毎シーズンのようにわが家に泊まりがけで来られます。私の「毎日、穂高川の河原を夫婦と猫とで散歩して、北アルプスに沈む夕陽を眺めるのが至福のひとときです」という新聞への投稿記事を読んだ緒方さんが私の連絡先を調べて文通が始まり、それから親戚のような付き合いをしています。ある時はお友達たちと、ある時はお孫さんと泊まりに来られて安曇野や白馬を散策して帰られます。

＊安曇野岡田山荘

私は遊び心でわが家を「安曇野岡田山荘」と名付け、2階の「アルプス展望室」を開放しています。トイレ、ミニキッチン、冷蔵庫、ふとん10組を用意し、自炊できるようにしてあります。わが家からの北アルプスの眺めを独り占めしてはもったいないので、山好きな皆さんにも楽しんでもらおうと考えました。パンフレットをいつもザックに入れて山で親しくなった人にお渡ししています。

山頂から下界を眺めるのがミケの楽しみ

みなさん、宿泊したあとにお金を置いていかれるので、それなら割り切って泊まっていただこうと考え、１泊朝食付き、ミケの添い寝付きでお一人様千円を山荘維持協力金としていただいています。この10年でのべ100人以上の方に泊まっていただき、協力金でエアコンを付けることができました。

＊ミケは番頭さん

ミケはお客さんが来られると玄関で接待するのでわが家では「番頭さん」と呼ばれています。番頭さんの衣装をさよさんが今考えてくれています。わが家の応接間は2階の「アルプス展望室」なのですが、お客さんが来られるとミケは隣に侍ってミケなりの接待をしています。先ほどの緒方さんが初めて泊まった時は夜中にミケが来て、顔をぺろっと舐めたという逸話が残っています。ミケにすれば大歓迎だったのでしょう。

初めてネコをさわったよ

２．ミケ、猫ができてくる

田舎暮らしをしていると庭にいろいろな動物がやってきます。野鳥はもちろん、猿も来ますし、キジも来ます。

＊ミケは白キツネ様

ある年の元旦に庭に犬が来ていました。でもよく見ると犬にしてはしっぽがやけに長いのです。実は端正な顔立ちをしたキツネでした。さっそくミケが雪の中を追いかけましたが、キツネは雪の中をリズミカルにジャンプしながらどこかへ行ってしまいました。ミケは福々しい丸顔のネコではなく、どちらかといえば鋭角的な顔立ちをしています。「ミケは白キツネ様だね」とさよさんとよく言っていたので、キツネが誘いに来てくれたのかもしれません。

ちょっとでも高い所がいいヨ

ミケはよく野ネズミを捕まえてきますが、あるときモグラを捕まえてきました。でもモグラはふにゃふにゃで噛めないようで放り出してしまいました。僕は生まれて初めてモグラを手にしました。絶命しているようです。掌は平たくスコップ状になっていることも初めて知りました。可哀想にと思い、土の上にそっと置いてやると、急にモグラは生き返って、しゃかしゃかしゃかと土を掘り、あっという間に地面に消えてしまいました。唖然！。

＊テンをじっと見つめて

先日、ミケとウッドデッキで日向ぼっこをしていると、目の前の畑にテンが1匹現れました。１匹でもテンです。ネズミを二回り大きくしたくらいの大きさ、それにネコの好きそうな小刻みな動き。ミケはすぐに飛びつくかと思いましたが、じっと見つめていただけでした。後日、山荘横の河原までミケと散歩すると、そのテンが現れてちょこちょこしていましたが、その時もミケはその動きをじっと見ているだけでした。ミケも歳をとって猫ができてきたのでしょうか？

3．ミケ、川を下る

ネコの水嫌いは定説です。ですが、ミケは水にめっぽう強いのです。赤ちゃんの時に聖高原の池でボートに乗ったことがあります。また、この10年間、夏場は毎夕、山荘の横の穂高川（乳房川）の川岸に遊びに行っていました。この川の流れは結構きついのですが、毎回、この川の岸辺に座って、パシャパシャ波を受けながら川の水を飲むのがミケの日課です。

夏のある日、お友だちの浅見摩紀さんというお嬢さんに誘われて、豊科から明科を流れる万水川へ船下りに行きました。もちろんミケも一緒です。

そういう日々の経験もあったので、さよさんと相談して、ミケも10人乗りのゴムボートに乗せてみようということになりました。

一応、万一に備えてリードをつけて乗船しました。私たち夫婦が付いている

わんだーえっぐ社、初の猫のお客様

ので、ミケは安心しています。

＊犬はたくさん乗ったが猫は初めて

同乗している船下り会社（わんだーえっぐ社）の社長＝くまさんの一声のもと、ボートはゆっくり川を流れていきます。ミケはおとなしくしています。ボートは急流にさしかかりましたが、くまさんの演出でわざと波しぶきが多少お客さんにかかるようになっています。その日は暑かったので、社長のいたずらで大波がボートに襲いかかりました。頭から水を被って、さすがのミケもこれには参ったみたいで岸辺に近づいた時には脱出しようともがいていました。

ミケにとっては大冒険でした。くまさんから「今まで犬はたくさん乗せたが、猫は初めてだ。よく頑張ったね」とお誉めの言葉をいただき、ミケはずぶ濡れになった体で聞いていました。またひとつ、ミケの経験が増えました。

4. ミケ、猫が丸くなる

ある日、縁側を見ると、ミケの傍にケンカ相手の「野良黒」がいるのです。「野良黒」というのは、よくうちのまわりをうろついている黒茶色の野良猫のことです。ミケと同じくらい大きいので、雄に間違いありません。ミケは人なつっこいので人には愛想はいいほうなのですが、猫には厳しくて、どんな猫にでも威嚇します。まるで朝青龍のようです。

ピアノの上がミケのお気に入り

＊オスの野良猫とフレンドリーに

むしろ犬のほうが好きで、小さい犬だと「友達になろうよ」と追いかけたりします。そのミケがこともあろうに雄の野良猫とフレンドリーにしているなんて考えられないことです。ミケも年をとって「猫が丸くなった」ということでしょうか？　何をおいても平和が一番！　こんなにも丸くなったミケを歓迎したいと思います。

お母さん、待って〜

5．ミケ、大いに泣く

春の陽気に誘われて

ミケと近所の散歩をしますが、歩くのが遅いので、こちらの運動量が足りません。そこで本格的なウォーキングをする時はミケを巻かなければなりません。

ある時、ミケに気付かれないように、夫婦でそっと家を出たのですが、家の横の堤防に上がった所でミケに感づかれてしまいました。

＊ミケの愛情を感じる瞬間

ミケは「こりゃ大変だ〜」とばかりに「にゃー！　にゃー！」と大泣きしながら、必死で堤防への階段を駆け上がり、大急ぎでトコトコついてきます。私たちはミケを振り切ることもできずに仕方なくターンして、ミケと一緒にいつも行く穂高川(乳房川)の河原に向かいました。

「猫は家につき、犬は人につく」と言いますが、ミケはうれしいかな私たちについてくれています。こんな時、ミケからの愛情を強く感じる瞬間です。

武石峰の山頂で

6. ミケの日常

自宅の近くを流れる穂高川で

猫ですから朝はゆっくりと寝ています。起きてきたらクーッと背伸びしておⅢに山盛りしてあるカリカリを食べて、パタン！と猫穴から外に出ていきます。そして庭でオシッコをして山荘まわりの自分の縄張りに異状がないかパトロールをします。堤防を越えて穂高川の河原に水を飲みに行くこともあります。

低山から高山まで、ミケはオールラウンダー

冬場は早めに部屋に戻ってきますが、夏場は南側に置いてあるベンチの上かウッドデッキでごろごろして過ごします。気が向けば、ちょっと遠出して田んぼの向こうの養鱒場へお魚さんを見に行ったりします。山荘の横の堤防を散歩するおばさんたちに頭をなでてもらうのも楽しみにしています。

＊大声で「散歩行こうよ」

部屋に誰かいると分かっている時は「ニャ～出てきてよ、散歩に行こうよ」と大声で誘います。急に雨が降ってくると「ミャー！　ミャー！　雨だー！」と大騒ぎして近所に知らせたりします。

山荘のまわりは自然がいっぱいなのでミケの遊び場には事欠きません。家の中から観察していると草むらに隠れて野ネズミを根気強く待ち伏せしています。雨の日だってずぶ濡れになりながらそうやっています。暖かくなって野ネズミが活発に動き回る季節になると家に帰ってくるのはエサを食べる時だけで、帰ったと思うとすぐにまた外に飛び出して行って忙しそうです。

ボク、車大好き！

＊家では偉そうな振る舞い

夕方はポーチか玄関で家人が帰るのを「ミャ～」とうれしそうに

出迎えてくれます。たいてい体操しながら出迎えてくれるので「あっ、今まで寝ていたな」とすぐに分かります。缶詰や好物のちくわが欲しい時は人を冷蔵庫まで先導していきます。猫穴は狭くてめんどうなので極力使わず、人が居る時は玄関まで先導して「外に出して」と言います。家の中では「ついてこい」と言わんばかりになかなか偉そうな振る舞いです。

＊夜はミケと川の字で

夜は寝室で川の字になって寝ます。ミケはさよさんが段ボールで作った特製ベッドを使います。私はミケの横でミケを触りながら眠りにつきます。これは本当に心が安らぎます。顔を近づけるとミケはたいてい唇をベロンベロンと何度も舐めてくれます。そんな時は立場逆転でミケは私のことを自分の子どもだと思っているかもしれません。

＊丑三つ時、暴れ始めるミケ

3人一緒に眠りについても午前2時頃、ミケは寝室の障子に飛びついてガリガリやり、なんと私たちを起こします。特に用はないのですが、かまってほしいのです。鳴いても起きてくれないけど、こうすると必ず起きてくれることを学習してしまったのです。わが家の障子はミケの引っ掻いた傷で芸術的になっています。

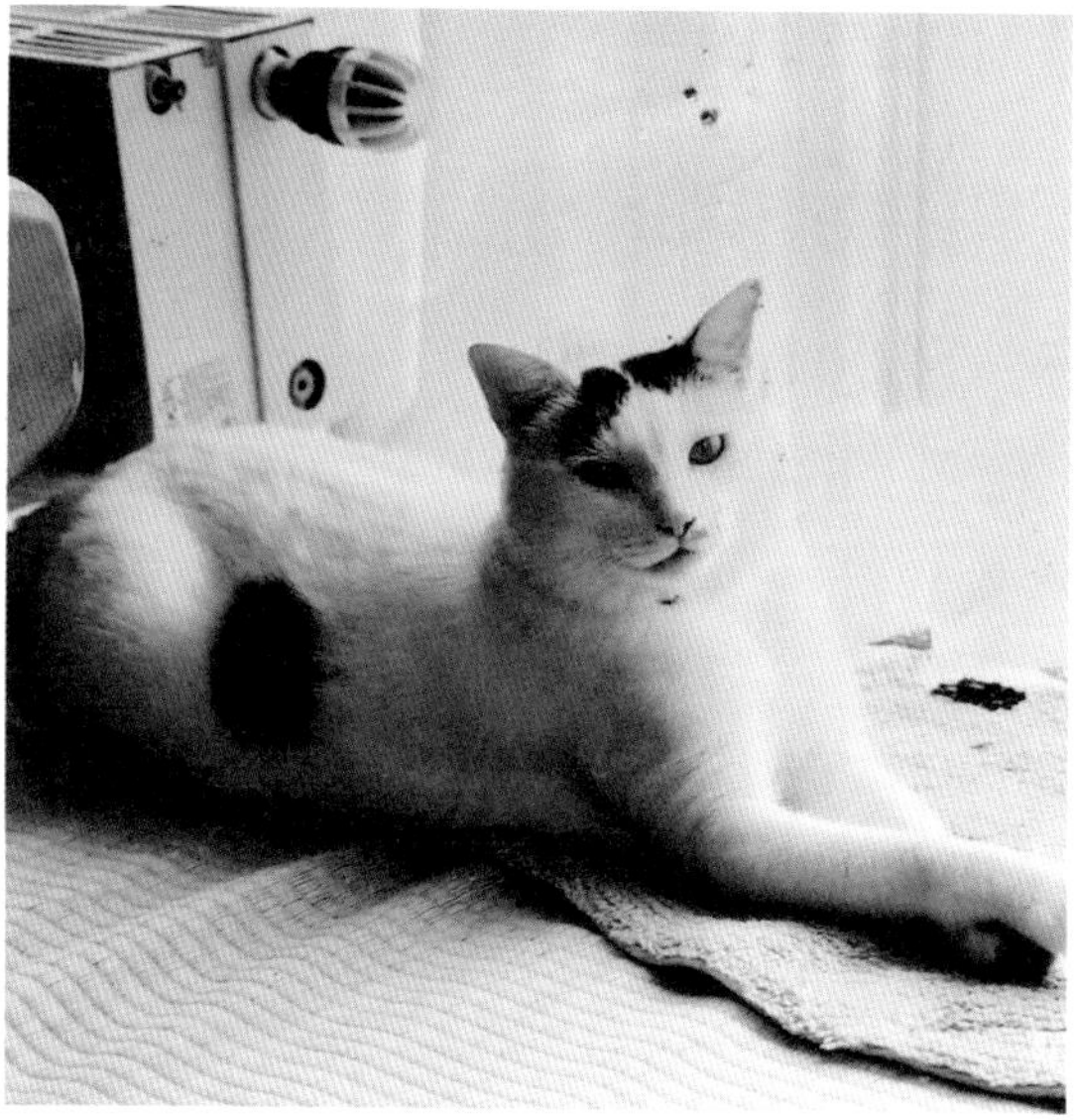

夜中は困ったちゃんになります

それでも起きてもらえない時は今度は棚に載っているメガネや文具をぽんぽん投げて、なんとか起こそうとします。一緒に山に登れるお利口なネコなのに、これだけは本当に困ったものでお手上げ状態です。

7. ミケ、手術をする

思い出の丘（1986ｍ）で

2年前、ミケの右耳に皮膚ガンができました。獣医さんによると、ミケのように耳が白い耳の猫の宿命だそうです。音源を探るアンテナである耳を切断することは耐えがたいことですが、ミケの命には替えられません。手術を決断しました。

結局、右耳の上半分を切断。傷口を引っ掻かないようにエリザベスカラーをつけたミケの姿は痛々しいものがありました。カラーが邪魔になり、あちこち壁にぶつかったり、食事も摂りにくそうでしたが、1カ月なんとか耐え、ミケは復活してきました。

黙々と山を登るミケ

＊ハンディを乗りこえて

再発の恐れも抱えながら、もうすぐ15歳という飼い猫の平均寿命に達するミケ。私は線維筋痛症という難病、さよさんは糖尿病を抱え、家族みんなが手負いの身となりましたが、病気に負けず、ひとつでも多くの山を登って、思い出作りをしたいと思っています。

8．ミケ、ついに50座登る

39座目の飯縄山あたりから、せっかくここまで到達したのだから、ひとつの区切りとして、ミケが元気なうちに50座登頂を達成させてやりたいと思うようになりました。

＊50座目の山に登る

そして梅雨入り前の2009年6月7日、ついにその日がやってきました。坂城町にある入浴施設「びんぐし湯さん館」の裏手左側から鬢櫛山《びんぐし》への小道が続いています。

少し雨が降っていましたが、ミケは難なく登っていきました。猫足15分で頂上。50山を飾るには、いささか物足りないのですが、年老いたミケには適度の距離です。

坂城町のびんぐし山（519ｍ）山頂

頂上には小さな稲荷神社がありました。ミケと兄弟のような白い石のおキツネ様がミケの偉業を出迎えてくれました。

低い山ばかりですが、猫がリードなしで自分の足で50座の山の頂きに立ったのです。

ここまで至るのにミケは足かけ15年をかけました。体重4・9kgのミケの小さな快挙に拍手を送りたいです。

ミケ、50座登頂おめでとう！

9. ミケ、なんと、60座目も登頂！

双子山への登り道

なんとか50座まで登れば、ひとつの区切りになるかと思っていましたが、鬢櫛山50座登頂を果たしてからもミケの勢いは止まらず、53座目の桐原城址は120分もかけて登頂。老いてますます元気になっているようでした。

そして、とうとう北八ヶ岳の双子山（2223m）で、猫類未踏？の通算60座登頂を果たしたのです。

ついに60座目達成！ でも余裕のミケ

＊「あっ、猫よ、猫！」

その日は秋晴れのよい天気。隣にそびえる日本百名山の蓼科山は紅葉が始まっていました。登山口の大河原峠には大勢の登山者が集まっていま す。そこに1匹の猫が現れたので「あっ、猫よ」「猫だ」と異口同音に登山者が言い出して、少々にぎやかになりました。

「この猫、山に登るんですよ」「へぇー、すごいねえ」という声をかけてもらって、ミケはスタスタと私たちの後を着いてきます。

いつのも里山と違って2千ｍ以上の山なので露岩がごろごろしています。でもミケはこういうアルペンムードの山が好きで、ひょいひょいと登ってきます。とうとう50分間、一度も鳴かずに２２２３ｍの山頂まで到達しました。一度も鳴かなかったなんて初めてです。とうとうミケもひとりでも仙人の心境か？

＊14年半かけて到達

山頂は広く、たくさんの大きな岩が高山の趣を醸し出しています。14年半かけてミケはとうとう60座の山の頂に立ちました。それに初めての2千ｍクラスの山です。

この調子だったら、来シーズンも登れるかなあ？と期待を胸に山頂を後にしました。

ミケの近況報告

60座登るまでは…と思っていたのですが、先日ミケは左耳の皮膚ガンの手術をしました。一昨年の右側に続いての手術です。皮膚ガンは耳が白い猫の宿命だそうで、太陽の紫外線により耳に皮膚ガンができるのです。2㎝四方くらい患部がただれ、出血を繰り返しミケも痛がっていました。そこで、とうとう手術に踏み切ることになったのです。

麻酔から目覚めなかったら、どうしようと心配でしたが、獣医師の大西先生にすべてをゆだねました。両耳の上半分がない猫になってしまうのですが、大西先生は「まあ、手や足が一本無くなってしまうわけではないから、スコティッシュホールド（耳の垂れた猫）になると思えばいいじゃん！」と、いたって前向き発言で励ましてくれました。

心配は杞憂に終わり、大西先生がきれいに患部を切除してくれ、ミケは元気になりました。両耳の上半分が無くなったミケはまるで、ライオンの赤ちゃんのような顔になりましたが、最近、老けて見られることが多かったので、まあ、若く見られるならいいんじゃないと、2人とも納得しています。

あと3カ月ほどでミケは猫の平均年齢の15歳になります。人間で言えば、ミケも80歳近いのでしょう。歩く速さもゆっくりになり、ピアノの上にもジャンプできなくなり、眠りこけることがめっきり増えました。確実にミケの身体は老化が進んでいます。

手に乗るほどの赤ちゃんだったミケ。なのにヒトの5倍速で老いていくのは切ないね。でも、生あるものの宿命ですから、やがて訪れる死を嘆いても仕方ありません。

それよりも、出来ることをほめましょう。ミケはまだネズミだって捕れるし、山だって登れるのです。きっと来シーズンも山に登って、周りを驚かしてくれるでしょう。

ミケよ。目指せ！　スーパーキャットを。

おわりに

ミケとの生活も、早いものでもう15年目になりました。ミケが家に帰って来なかった日は一日足りともありません。「ミケとのキスで一日が始まり、ミケとのキスで一日が終わる…」そんな毎日です。ミケの存在がどれだけ私たちの生活を生き生きと潤してくれたことか。どれだけ夫婦の潤滑油になってくれたことでしょう。

夫婦だけの泊まりがけの登山の時は仕方なくミケを家に置いて行くのですが、そんな時も「今頃、ミケはどうしているのだろう?」と、ミケのことが気がかりです。近所の方に聞くとミケは気が狂ったように鳴き叫んでいるようです。泊まりの登山から帰ってくると、いつもミケは玄関で「ニャーオ!、どうして一緒に連れて行ってくれなかったんだよう。寂しかったよう」と迎えてくれます。そんなミケがたまらなく可愛いです。

ミケは歳をとるにつれ登山回数が増えてきました。それは私が大病をし、低山志向になってきて、ちょうどミケと登る往復1～2時間程度の登山が体力に合ってきたからです。

高ボッチ山の山小屋で

はじめから、こういう本を出すつもりではありませんでした。でも、登山する猫の存在が注目されるにつれ、「ミケのことを本にしたら？」と言ってくださる方が増えてきました。その声に押されて、やっと私も重い腰をあげた次第です。
ミケはまもなく猫の平均寿命の15歳になります。悲しいけれど、いつどうなってもおかしくない年齢なので覚悟はしています。なんとかミケの生きている間にこの本を出版したいと思っていました。

おわりに

白馬の神明社で

「山に登る面白い猫がいたことを知らせたい」という当初の目的は果たせたと思います。何かひとつでも皆さんの心に残ったものがあれば嬉しく思います。もしこの本の感想等ございましたら、奥付ページの住所までお送り下されば幸いです。

「ネコも山に登る」。人生をあきらめてはいけませんね。猫だって山に登るのですから。私たち夫婦もミケを見習って、これからの人生を歩んでいきたいと思います。

2010年1月吉日

岡田　裕

カラー版のための「おわりに」

もう読者の皆さんはお気付きのことと思いますが、今はもうミケはこの世にはいません。

ミケが虹の橋を渡ってから10年の月日が流れました。2回に及ぶ耳のガン手術にも負けず、その度に復活し、山登りも再開してきたミケ。そんなミケも残念ながら、とうとう16歳の誕生日目前の２０１０年11月16日に私のベッドで旅立ちました。

亡くなる前、ミケは段々とガンが全身に転移し、とうとうオムツをつけ寝たきりになりました。水も飲めなくなりました。もうこれが最後の日かなあと思いましたので、同僚に「最後だから傍にいてやりたい」と許しを請い仕事を休ませてもらいました。ベッドの上でミケを抱っこしながら15年間の楽しい思い出話を2人で振り返りました。泣きながら笑いながら……。

私はミケを毛布に包んで抱っこし、最後の散歩に行きました。家の前の穂高川の河原です。家族で安曇野に引っ越して10年間、ほぼ毎日駆け回ったミケが大好きな河原です。ミケが毎日眺めていた北アルプスも見えます。

元気に走りながら散歩

すると何ということでしょう！ 寝たきりになり目も見えなくなったミケが一生懸命に顔を上げてクンクンと河原の匂いを嗅いでいるのです。10年間、雨の日も雪の日も2千回以上通ったミケの「庭」です。懐かしむようにミケは匂いを嗅いでいました。ミケをそっと抱きしめながら私は涙が溢れました。そして翌朝ミケはそっと息を引き取りました。

悲しいかな、沢山の猫がまだ殺処分される今の世の中にあって、保護猫だったミケが平均寿命の15歳まで生きてくれ、私のベッドで旅立ったのは猫として幸せなことだったのかもしれません。

今、ミケはリビングから見える庭の柿の根元に眠っています。ミケがいつも登って遊んでいた柿の木です。ミケがいなくなってからも美味しい柿を実らせていましたが、やがてテッポウムシの食害で枯れてしまい、やむなく切り倒しました。

ところが2年ほど前、その柿の切り株から、ひこばえが生えてきたのです。葉が茂って再生してきたのです。根性があったミケの身体が土に還り柿の木を蘇えらせてくれたのだと確信しています。再びミケの柿の木が甘い実をつけてくれる日が楽しみです。

長々と書きました。初版が出てから10年が経ちました。ミケの本がこんなにも長く全国の皆さんに読まれ続けるとは思ってもみませんでした。ひとえにミケ自身の頑張りに他なりません。

原作本をもとにぶんか社さんが『漫画　山登りねこ、ミケ』を出版して下さいました。それを元にした携帯漫画「山登りねこ、ミケ」は東日本大震災の仮設住宅に無料配信され、被災された方々を勇気づけたそうです。家族として嬉しい限りです。

この10年、私はこの本で結局何を言いたかったのか、いつも考えていました。はじめは「ノーリードで山登りする珍しい猫がいる」ということを伝えたい一心だったのですが、「結局は猫と人間との垣根を超えた家族の絆」を一番訴えたかったのかなあと思います。

コロナ禍で息苦しい閉塞の時代。この本が皆さんの心を癒し、ガンでも山登りしていたミケの勇気が少しでも伝わったのなら、私たち夫婦も天国のミケも、この上ない幸せです。

2021年3月6日

岡田　裕（おかだ ゆたか）

後継猫たちのこと

今は3匹の猫たちと生活しています。

ミケが旅立ったあと、ペットロス症になった私のために読者の方が兄弟の赤ちゃん猫を連れて来てくれました。その方が保護した野良猫です。フクとノンと名付けました。「フクはミケにそっくりだから」が謳い文句でしたが、あんまり似ていませんでした(笑)。残念ながらノンはやがてまた野良猫に戻ってしまいましたが、フクは10歳になり元気で走り回ってます。その怒ったような顔が可笑しいとFacebookで人気上昇中です。

右フク、左ノンの兄弟

次にやってきたのがミュー。初めての女子猫です。

この子はスーパーの駐車場で段ボールに入れられて捨てられていたところを保護されました。ミケにそっくりなので貰い受けました。二代目の山登り猫としてすでに私たち夫婦と15座をリードなしで登山しています。

そして次がナナ。ミケと地域のボスの座を争っていた野良黒とミューとの間に産まれたハチワレ猫です。

ミュー・ナナ母娘は「ちょっと美人な親子猫（笑）」としてFacebookでも毎日の散歩の様子を見て下さる方が増えています。

最後に『山登りねこ、ミケ』オールカラー版の出版を企画してくださった丸尾編集長に御礼申し上げます。

怒ったような顔がご愛嬌のフク

ミュー（右）と娘のナナ（左）

安曇野ねこ混成合唱団　左からテノールのフク、メゾソプラノのミュー、ソプラノのナナ

読者の感想とマスコミでの紹介などについて

この10年、ありがたいことに全国津々浦々からミケに沢山のファンレターが寄せられました。全部「感動しました」「ほっこりしました」「ミケちゃんすごい！」とリードなしで60以上の山々に登山したミケの偉業を誉め称えて下さるものばかりでした。

また「うちの子は登山はしないけど散歩には付いてきますよ」とか「うちには常時10匹はいますよ」などと自分ちの自慢の猫ちゃん達の写真を送って下さる方々もおられました（笑）

そんな中で私が嬉しかったのは「わたくしもミケちゃんと同じガン患者です。ガンの手術をしても山登りをしているミケちゃんに勇気をもらいました。わたくしもミケちゃんに負けないように頑張ります」という内容のファンレターがいくつかあったことでした。

　また「ガンで入院中の父にこの本を持って行ったら、父が一生懸命読んでいました」「薄くて読みやすい本なので入院している知り合いのお見舞いにしています」というのもありました。

　ミケが病気と闘っている人たちを勇気づけていると聞くと「いい息子を持ったもんだ。病気に負けずに頑張らねば」と私達自身も勇気づけられました。

お泊まりされた読者さん達の横に必ず座るミケ。食べ物をおねだりせず、ただ座ってるだけがミケの接待です

　ある年配の方が「小1年の孫娘がどこに行くにもミケちゃんの本を絵本がわりに持っていって読んでます」と仰ってました。そんな小さな子の心をもミケはときめかせていると思うと私たちもほっこりとした暖かい気持ちになりました。「それなら、もっと小さい子や障がいを持つ子向けに手描きの絵本にできればなあ～」というのが私のささやかな夢です。

テレビ取材中のミケ

初版が出ると地元の共同通信社が全国の支社に配信してくださったので、北海道から沖縄まで全国約50の地方新聞社に本の紹介がデカデカと載りました。さよさんの実家の新潟のお姉さんたちがそれを読んで「新潟の新聞にも載ったよ！」と驚きの電話をくれました。

読売・朝日・毎日・赤旗などの全国紙から信濃毎日、タウン情報などの地元紙、さらに週刊誌の「女性自身」にも取り上げられました。取材に来られるたびにミケは玄関で記者さんたちを出迎え、一緒に階段を上り、2階のアルプス展望室で記者さんの横にピッタリと寄り添って座っていた姿が忘れられません。

さらにミケ本を読んで下さったテレビ関係者からも問い合わせが続きました。テレビ東京や長野朝日放送、BS日テレ等、テレビの取材依頼にミケが応

最後の下山もがんばったミケの雄姿

ミケ最後の登山、小桟敷山

じて、実際にミケがディレクターやカメラマンと一緒に番組制作用の登山をしました。スタッフが大勢居ても全く動じないで、いつもと変わりなく登山していたミケはなかなかの大物でした。

ミケ亡き後、なんと8年経ってNHKから、10年たってTBSからも取材を受けました。私たちが撮った古い映像も使い、足りない分は後継猫のミューにも出てもらいました。2018年にはNHK「もふもふモフモフ」、2020年にはTBSの「ワールド極限ミステリー」に出演させていただき、視聴者と一緒に私たち夫婦もありし日のミケの登山姿を泣きながら観ました。

やはり「百聞は一見にしかず」なのか実際の映像は説得力があるようで、全国の方々から「感動して涙が止まりませんでした」「ガンから生還して登山を再開したミケはたくましい」等、たくさんの反響がありました。「うちの家族もミケちゃんのような保護猫を飼うことにしました」という視聴者の声には、ミケの存在が1匹の保護猫の命を救ったんだと、思わず泣けてきました。

ＴＢＳの番組は3時間スペシャルだったのですが、うち約30分もミケに割いていただき恐縮しました。ミケ最後の登山の映像が流れた時です。頂上直下でミケは動かなくなりました。「もう無理しなくていいよ。お父さんが抱っこしてあげるから」と言いながら抱き上げようとすると、ミケは私の手を振り払って最後の力を振り絞って歩き出したのです。これは私も忘れていたシーンなので号泣してしまいました。ミケは山登りが好きで自分の足で頂上を踏まないと気が済まなかったようです。本当に優しくて強い子でした。

本とテレビ。10年にも渡りミケがこんなにも全国の皆さんに愛され続けて私たちは嬉しい限りです。

今はミケの後継猫たちの写真集を作っているところです。完成した暁にはミケ同様、可愛がってくだされば幸いです。

◎著者　岡田　裕（おかだゆたか）

・1956 年生まれ。大阪府守口市出身。千葉県、大阪府、長野県の小学校、養護学校で教鞭をとる。
・全日本カラオケ指導協会公認教授。
・住所は〒 399-8302　長野市安曇野市穂高北穂高 2544-94
・TEL 090-9358-4397
・Facebook を公開、Youtube「山登りねこ、ミケ」で猫動画を公開

愛蔵カラー版

山登りねこ、ミケ

60の山頂に立ったオスの三毛猫

2021 年 4 月 20 日　初版第 1 刷発行

著者　岡田 裕
発行者　坂手崇保
発行所　日本機関紙出版センター
〒 553-0006　大阪市福島区吉野 3-2-35
TEL 06-6465-1254　FAX 06-6465-1255
mail:hon@nike.eonet.ne.jp http://kikanshi-book.com
編集　丸尾忠義
DTP　Third
印刷・製本　株式会社シナノパブリッシングプレス

ISBN:9784889009897